ILUSTRADO POR

Daniel Montero · Ángel Svoboda

ideaka

EDELVIVES

ÍNDICE

LOS AUTORES

Somos muchas las personas que sentimos la necesidad de un cambio. Tenemos que avanzar día a día con pequeñas acciones que logren lo que ya se percibe como una gran transformación.

Martín Barreiro

Me llamo Martín. Nací en Galicia y, gracias a que mis padres eran maestros de escuela, pude criarme en lugares apartados, rodeado de bosques de castaños y robles y cerca de mares rebosantes de vida.

Crecer entre la naturaleza y el mar me llevó, con los años, a interesarme por comprender el comportamiento de la atmósfera, así que estudié Física y me especialicé en Dinámica de fluidos.

Un día la televisión se fijó en mí como comunicador. Desde entonces, realizo pronósticos meteorológicos, presento el espacio de El Tiempo y hablo de cambio climático para todo tipo de público.

Tras más de veinte años de estudio y observación, he sido testigo de un aumento alarmante en los fenómenos meteorológicos extremos. Es crucial que nos sumerjamos en la investigación, comprendamos la magnitud de estos cambios y nos preparemos para adaptarnos. ¡Formemos parte de la solución!

Ana Mariño

Yo soy Ana. Crecí en un pueblo donde lo habitual era encontrarse con personas de cualquier punto del globo que caminaban y compartían historias de sus lugares de origen.

Mi familia, amante de la cultura y dedicada a ella, me contagió su pasión por disciplinas como la danza, la literatura, el cine o la música. Estas dos últimas artes me han permitido conocer regiones y personas dispares y semejantes a la vez. Así es como he descubierto que el cambio del clima afecta a cada persona del planeta, y que la necesidad de adaptarse y reducir su impacto se ha convertido en una inquietud global.

Hace un tiempo, llegó el siguiente mensaje al grupo que comparto con amigos de todo el mundo que estudiamos juntos en Nueva York: «¿Qué puedo leer con mis hijos sobre el cambio climático que sea riguroso a nivel científico y a la vez comprensible y ameno?». De ahí surgió la idea de ponernos manos a la obra con este libro.

Desde nuestras diferentes experiencias, comprendimos que es fundamental conocer los problemas que genera el cambio climático y dar herramientas para combatirlo. Por eso, hemos afrontado esta obra con la máxima ilusión, como un eslabón más de nuestro proyecto de vida, en donde los verdaderos protagonistas son nuestros hijos, Julieta y Martiño.

Pero ¿qué ha desencadenado esta situación en la Tierra? Sin duda, las personas somos las que hemos modificado la relación con el entorno y las que debemos cambiarlo de nuevo, replanteando y reaprendiendo sobre todo lo que hemos hecho mal. Esto es lo que está originando los riesgos y hostilidades que el planeta nos devuelve en forma de tormentas, ciclones, sequías o temperaturas extremas que hacen peligrar nuestra supervivencia.

¿Cómo podemos ser parte de la solución? He ahí una pregunta que iremos respondiendo a lo largo de este libro, en el que demostramos con estudios rigurosos ejemplos de fenómenos extremos cuya intensidad proviene del cambio climático. Como especie, debemos asumir nuestra responsabilidad en cuanto a preservar el medio que nos rodea. ¡¡Adelante!! Tú eres una parte fundamental de la solución.

UN RUMBO SOFOCANTE

El cambio climático no es un problema para la Tierra, sino para nosotros, los seres humanos.

Aunque la naturaleza se adapta y evoluciona, las condiciones extremas a las que la sometemos ponen en riesgo la supervivencia de los seres vivos.

Es importante comprender lo que sucede ¡y actuar ya!

El cambio climático se refiere a las variaciones del clima relacionadas con alteraciones de la temperatura del planeta

A lo largo de la historia, la Tierra ha sufrido **varios cambios climáticos** originados por diversas causas: variaciones en la actividad solar, erupciones volcánicas, cambios en la órbita de la Tierra, impacto de meteoritos...

4600 Ma* Se forma la Tierra

3800 Ma Aparecen las primeras células

2300 Ma La Tierra se convierte en una gran bola de hielo

* Millones de años

1. Los rayos del Sol atraviesan la atmósfera, que refleja algunos de ellos, y otros llegan a la superficie de la Tierra.
2. La Tierra se calienta y emite radiación infrarroja, lo que hace aumentar la temperatura de la atmósfera.
3. Una parte de la radiación regresa al espacio.
4. Los gases de efecto invernadero atrapan parte del calor de la Tierra e impiden que la radiación infrarroja escape de la atmósfera.
5. Los combustibles fósiles que usa el ser humano aumentan los gases de efecto invernadero en la atmósfera, que retienen más calor, y esto eleva la temperatura del planeta.

Desde la Revolución Industrial, con el desarrollo de las máquinas y de las ciudades, ha aumentado la emisión de gases de efecto invernadero. Esto ha provocado un **nuevo cambio climático mucho más rápido y violento.**

541 Ma
Comienza un periodo cálido en el que se produce una gran explosión de vida

250 Ma
Ocurre la mayor extinción de la historia de la Tierra debido a un clima extremadamente árido

230 Ma
Algunas especies sobreviven y se diversifican. Aparecen los dinosaurios

65 Ma
El impacto de un meteorito ocasiona una nueva extinción en la que desaparecen los dinosaurios

2,6 Ma
Después del desarrollo de los homínidos surge nuestra especie: el *Homo sapiens*

Actualidad
El cambio climático podría desencadenar una pérdida masiva de la biodiversidad

¿LO SABES O LO CREES?

Como en el juego del teléfono escacharrado, no siempre recibimos o transmitimos los mensajes con la claridad que nos gustaría. Una información confusa a menudo provoca malentendidos; y estos, por lo general, no dejan de crecer.

Para evitar que un mensaje pierda su sentido original, antes de compartirlo deberíamos comprobar de dónde parte y, también, contrastarlo con distintas fuentes, ¡cuantas más, mejor!

¿El cambio climático es consecuencia de un agujero en la capa de ozono?

El agujero en el Polo Sur lo causaron las actividades humanas; esto es, el uso de aerosoles con gases compuestos por cloro, flúor y carbono (CFC). Sin embargo, si nos esforzamos, es muy probable que hacia 2065 el agujero se haya cerrado por completo.

Es una gran noticia, pues demuestra que, cuando afrontamos un problema de manera colectiva, su solución está a nuestro alcance.

Pero el calentamiento global va mucho más allá, porque el mayor impacto lo provocan gases como el CO_2 o el metano, que, al acumularse en la atmósfera, elevan la temperatura del planeta.

¿Nos fumigan desde el aire?

No, no nos fumigan. Se trata de una teoría conspirativa que pretende vincular las estelas (los rastros que dejan los motores de los aviones en el cielo) con la manipulación del clima, pero no, nada más lejos de la realidad.

¿Se hundirá Venecia antes del próximo siglo?

A lo largo de los últimos 130 años, el nivel promedio de los mares ha aumentado 20 cm. Se calcula que hacia 2100 subirá entre 30 y 122 cm.

De momento, por tanto, no parece que la bella ciudad italiana vaya a desaparecer. Dicho esto, debemos tener muy presente que el reto que tenemos por delante es enorme: hallar la manera de que los majestuosos palacios, monumentos, puentes y casas venecianos resistan frente a los continuos embates del agua salada del Adriático.

¿Existe un planeta B?

No lo hay. En el mejor de los escenarios, no encontraremos nada parecido a menos de unos cuantos años luz de distancia. Hasta donde hoy sabemos, la vida terrestre y acuática, tan rica y diversa, es algo extraordinario en el sistema solar. La Tierra tiene un valor incalculable, es el hogar en el que hemos evolucionado tanto los seres humanos como el resto de especies.

Es, por tanto, el planeta que más debe preocuparnos. Cambiar cuanto antes la forma en la que lo tratamos es el único camino hacia un futuro sostenible.

¿Nos quedaremos sin café en 2050?

De las más de 120 variedades de café silvestre que existen hoy en día, 75 están en peligro de extinción. Ya sea por las plagas, por infecciones por virus, por hongos o por las continuas sequías derivadas del cambio climático, la cuestión es que el café es una de las plantas más amenazadas del mundo.

¿Comer menos carne ayudaría a solucionar el problema?

En general, los productos de origen animal utilizan más recursos y producen más emisiones. Incluir en nuestra dieta más alimentos vegetales beneficia nuestra salud y la del planeta.

Por consiguiente, nos vendría de perlas consumir menos productos de origen animal y, en todo caso, prestar más atención a su procedencia, la forma de cría, los cuidados de los animales...

¿Contaminan mucho los pedos de las vacas y los cerdos?

Cada año, el ganado de todo el planeta emite a la atmósfera, en forma de metano (CH_4), el equivalente en CO_2 a 1,5 millones de veces el Coliseo de Roma.

En el caso de las vacas, el 95 % de ese metano se produce por los eructos.

En cuanto a los cerdos, sus pedos y sus eructos no nos afectan tanto, pero sí lo hacen sus excrementos y orines, porque contienen muchísimo nitrógeno. Al contacto con la tierra y el agua, el nitrógeno resulta altamente contaminante y da lugar al dióxido de nitrógeno (NO_2), un gas de efecto invernadero que se libera a la atmósfera.

LLUVIA TORRENCIAL

Es aquella que ocurre en un determinado lugar, durante un breve espacio de tiempo y con una intensidad mucho mayor de lo habitual. Estos tres factores juntos pueden causar inundaciones repentinas.

Una nube está compuesta por vapor de agua y partículas en suspensión de polvo y polen. Al unirse, se crean diminutas gotas que van chocando entre sí, de forma que adquieren un tamaño mayor. Se pueden necesitar hasta un millón de microgotas para formar una gota de lluvia de 2 mm de diámetro.

NOTICIAS

Emergencia nacional ante una lluvia sin precedentes

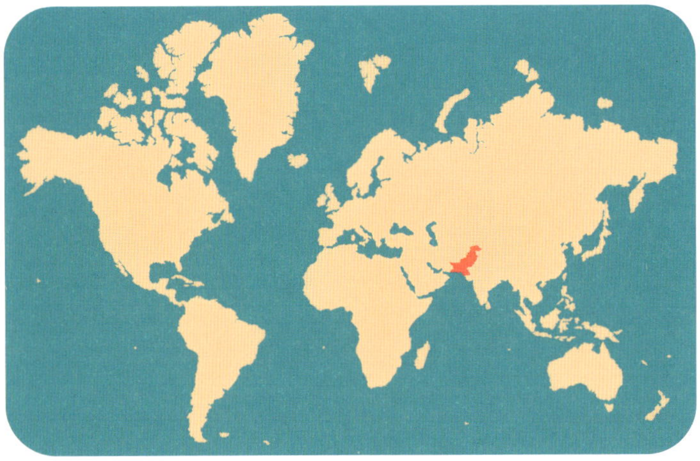

QUETTA (PAKISTÁN), AGOSTO DE 2022

Entre junio y agosto, Pakistán sufrió lluvias monzónicas* cuatro veces superiores a la media de los últimos treinta años, que afectaron a 33 millones de personas.

* Un monzón es un viento estacional que se produce en el sudeste de Asia y causa intensas lluvias.

Corrimientos de tierra

Inundaciones

Pérdida de infraestructuras y viviendas

Enfermedades causadas por la mala calidad del agua

Se habla de lluvia torrencial cuando caen más de 60 litros en un metro cuadrado en una hora (60 l/m²/h)

EN OTROS LUGARES

Entre mayo y octubre de 2022, las inundaciones en Nigeria, Níger, Chad y otros países vecinos provocaron la muerte de más de 800 personas. Fueron las más mortíferas de la historia de estos países.

MIRANDO AL FUTURO

Cuando aumenta la temperatura del planeta, el aire retiene una cantidad mayor de vapor de agua. Esto hace que las lluvias sean más intensas y frecuentes.

SE PUEDE EVITAR

Las terribles consecuencias de las lluvias torrenciales se pueden reducir mejorando los planes de urbanización de las ciudades: no construir cerca de la línea de costa, dejar libres las vías de evacuación del agua cuando hay desbordamiento, mantener limpios los canales, plantar más árboles...

CONSECUENCIAS

Pérdida de vidas humanas y de otros seres vivos

Pérdida de cosechas

TORMENTA SEVERA

Se da cuando un cumulonimbo* se desarrolla plenamente y libera su energía devastadora en forma de un gran aparato eléctrico, acompañado de vientos que superan los 90 km/h, lluvias fuertes y/o granizo de al menos 2 cm de diámetro.

NOTICIAS

Gargantúa, una nueva dimensión del granizo

CÓRDOBA (ARGENTINA), FEBRERO DE 2018

Una sucesión de tormentas produjo bolas de granizo de un tamaño sin precedentes, de casi 24 cm de diámetro. Los científicos sugieren un nuevo nombre para un fenómemo así: granizo colosal o gargantúa.

* Un cumulonimbo es una imponente nube de lluvia vertical que puede alcanzar los 12 km de altura, aunque su radio de acción es relativamente local. Puede hacerlo en forma de granizo, con rayos (truenos y relámpagos) e, incluso, provocar un tornado.

1

CONSECUENCIAS

- Inundaciones
- Pérdida de vidas humanas y de otros seres vivos
- Desperfectos en el mobiliario urbano y otras infraestructuras por rachas intensas de viento
- Incendios por rayos

EN OTROS LUGARES

En junio de 2019 tuvo lugar en Guadalajara (México) una tormenta severa que dejó una capa de granizo de 1,5 m de altura en algunas zonas, y causó daños importantes.

1. En el interior del cumulonimbo se forman corrientes ascendentes de viento intenso que arrastran las gotas de agua.
2. Al ascender, hacia la parte superior de la nube, donde la temperatura es menor, estas gotas se congelan.
3. Las gotas de agua congelada suben y bajan hasta que chocan entre ellas y, por la gravedad, se precipitan al suelo.

¿SABÍAS QUE...?

El escritor francés François Rabelais (1483-1553) es autor de cinco famosas novelas cuyos protagonistas son Gargantúa y su hijo Pantagruel, dos gigantes glotones y grotescos.

SE PUEDE EVITAR

Aunque parece contradictorio, los investigadores afirman que, en una Tierra cada vez más caliente, las tormentas serán más intensas con piedras de granizo más grandes.

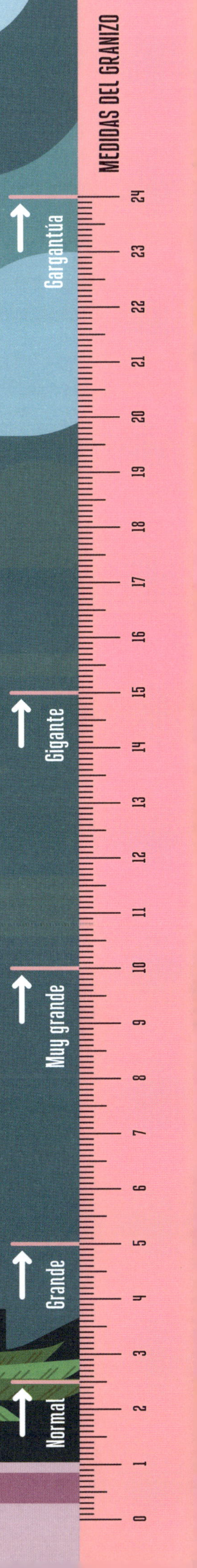

SEQUÍA EXTREMA

Es un periodo de tiempo prolongado en el que no llueve en una determinada zona. Esto puede hacer que el agua acumulada no sea suficiente para cubrir las necesidades básicas de los seres vivos que lo habitan.

NOTICIAS

El Cuerno de África: la peor sequía en 40 años

NAIROBI (KENIA), MAYO DE 2023

Las temporadas de lluvias (de octubre a diciembre y de marzo a mayo) en el sur de Etiopía, el sur de Somalia y el este de Kenia dejaron registros por debajo de lo habitual. A causa de esta anomalía, hubo una crisis alimentaria y de agua que afectó a más de 4 millones de personas.

Enfermedades causadas por la mala calidad del agua

Millones de personas con necesidades de asistencia humanitaria (alimentación, atención médica, agua, refugio...)

Pérdida de cosechas y de ganado

Conflictos sociales y guerras debido a la falta de recursos

CONSECUENCIAS

La sequía convierte la vegetación, extremadamente seca, en un combustible muy inflamable. Después de un incendio devastador, un bosque frondoso tarda 100 años en recuperarse.

El 97 % del agua del planeta es salada. Solo el 3 % es dulce, y la mayor parte se encuentra en los casquetes polares. Por tanto, solo hay un 0,007 % de agua disponible para el consumo humano.

El cambio climático aumenta los periodos sin precipitaciones y, por tanto, más cálidos. La atmósfera se calienta y hace que el agua disponible en el suelo, embalses, ríos y lagos se evapore. Así se secan los ecosistemas de los que dependemos todas las especies.

Cuando finalmente llegan las lluvias, lo hace en ráfagas tan cortas e intensas que el terreno no puede absorber toda el agua.

EN OTROS LUGARES

Desde mediados de 2023, hay 30 millones de personas amenazadas por una grave sequía que afecta a la cuenca del Amazonas. Con el paso de los meses, el caudal de los ríos ha alcanzado sus niveles más bajos de los últimos 120 años.

La falta de agua y alimentos hace que muchas personas abandonen sus hogares en busca de recursos. A día de hoy, no existe ningún reconocimiento ni protección de estos migrantes climáticos ni dentro ni fuera de sus países

CICLÓN TROPICAL

Es el conjunto de destructivas tormentas que, tras formarse en los mares más cálidos del planeta, los océanos tropicales, giran en torno a un núcleo central.

NOTICIAS

3800 millones de euros, el coste del tifón Hagibis

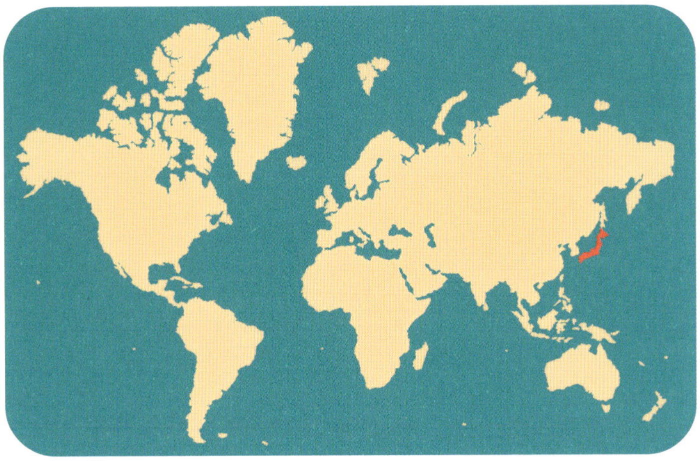

TOKIO (JAPÓN), OCTUBRE DE 2019

Este virulento tifón, originado en el mar de Filipinas y que llegó a la isla japonesa de Honshu, causó la muerte de más de un centenar de personas y diversos derrumbes de edificios. Hasta la fecha, es el segundo más destructivo de los registrados en el Pacífico occidental, y se considera un supertifón.

¿SABÍAS QUE...?

Este fenómeno tiene diferentes nombres. En el sudoeste del océano Pacífico y en el Índico se denomina **ciclón;** en el noroeste del Pacífico, **tifón;** y en el Atlántico norte, en el Caribe y en el nordeste del Pacífico, **huracán.**

2

1

CONSECUENCIAS

Inundaciones

Pérdida de infraestructuras y viviendas

Pérdida de vidas humanas y de otros seres vivos

El giro de este ciclón forma un «ojo» en el centro, con pocas nubes y poco viento. Se parece a un tubo cilíndrico gigante en cuyas paredes, formadas por las nubes, se alcanzan las rachas de viento más fuertes y destructivas. Se pasa de la calma del «ojo» a la terrible tempestad.

EN OTROS LUGARES

Por norma general, los escasos ciclones que llegaban a Europa solían dirigirse hacia la isla canadiense de Terranova. Sin embargo, en 2019 se acercaron a España hasta tres ciclones tropicales, cuando lo habitual era ver uno cada cuatro años.

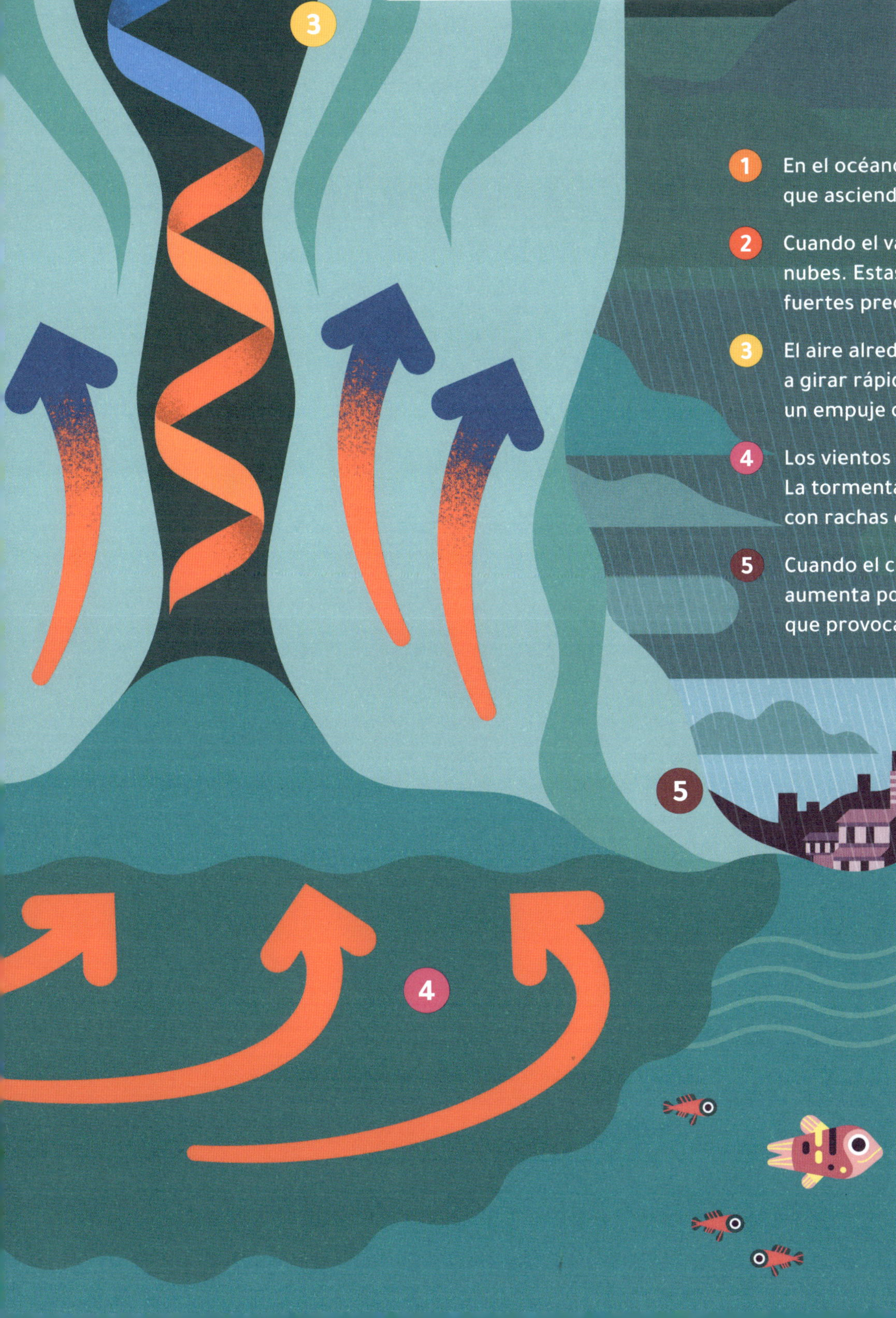

1. En el océano, el sol calienta el agua, que asciende en forma de vapor.
2. Cuando el vapor de agua sube, se enfría y forma nubes. Estas alcanzan mucha altura y descargan fuertes precipitaciones y tormentas.
3. El aire alrededor del centro de la tormenta comienza a girar rápidamente debido a la fuerza de Coriolis, un empuje causado por la rotación de la Tierra.
4. Los vientos se hacen cada vez más fuertes y rápidos. La tormenta se convierte en un ciclón tropical, con rachas de viento fortísimas y mucha lluvia.
5. Cuando el ciclón se acerca a la costa, el riesgo aumenta por la subida del nivel del mar, que provoca graves inundaciones.

SE PUEDE EVITAR

Para que las consecuencias de este fenómeno sean menores se debe: mantener limpios los caudales de los ríos, conservar los espacios por los que circulará el agua (barrancos, cauces secos o ramblas) libres de construcciones o elementos móviles (casas, coches...) y no edificar a pie de costa.

CALOR EXTREMO

Es un episodio de temperaturas anormalmente altas que, si se mantienen durante más de tres días y afectan a una parte importante del territorio, se denomina ola de calor. El domo es un fenómeno que propicia estas olas.

¿SABÍAS QUE...?

Se estima que, dentro de 28 años, Madrid tendrá un clima similar al de Marrakech (Marruecos).

NOTICIAS

Récord histórico de altas temperaturas en Canadá

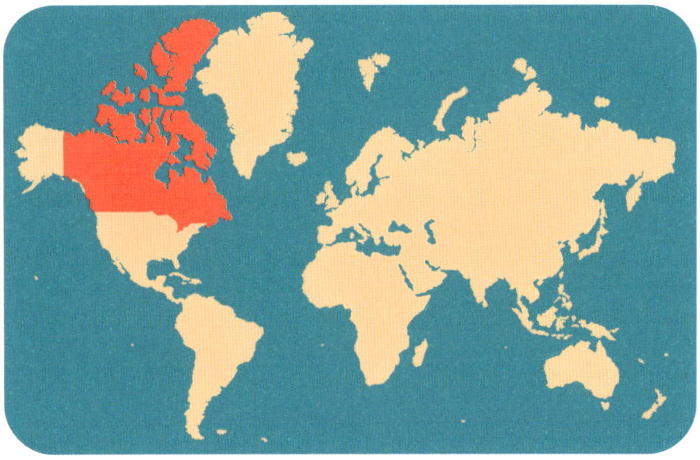

VICTORIA (CANADÁ), JULIO DE 2022

Durante la ola de calor que tuvo lugar entre el 10 y el 16 de julio, el Centro Nacional de Epidemiología de Canadá informó del fallecimiento de más de 500 personas a causa de los golpes de calor.

1

Un domo

Cuando el tiempo no cambia y predomina el calor, un cúmulo de aire caliente se sitúa sobre una región y retiene el calor, como haría una tapa sobre una olla.

Al calentarse el suelo, el aire se reseca

Pérdida de vidas humanas a causa de los golpes de calor

Freno en el crecimiento del grano y agravamiento de la crisis de cereales

Aumento del número de incendios

Deterioro de la calidad del aire

Incremento de la demanda eléctrica

1. El aire caliente se concentra y sube a la atmósfera.
2. Las altas presiones empujan el aire caliente.
3. El aire se comprime y se calienta aún más.

EN OTROS LUGARES

En Italia, en el verano de 2022, se produjo el desprendimiento de una gran parte del glaciar de la Marmolada, una de las zonas naturales más importantes de los Alpes.

MIRANDO AL FUTURO

El aumento de la temperatura media en el planeta produce la desertificación del terreno. Por tanto, hay menos suelo fértil y esto afecta a la calidad y a la cantidad de alimentos para el consumo de todos los seres vivos.

SE PUEDE EVITAR

La vegetación absorbe el calor de la radiación y, gracias a la sombra que proyecta, suaviza la temperatura.

Es preciso aumentar el número de árboles y bosques urbanos, así como reducir la utilización de combustibles fósiles (gas, petróleo y carbón), porque, al quemarse, liberan dióxido de carbono y otros gases de efecto invernadero.

FRÍO EXTREMO

Es un episodio de temperaturas anormalmente bajas que, si se mantienen durante más de tres días y afectan a una parte importante del territorio, se denomina ola de frío. La alteración del vórtice polar produce estas olas en latitudes más bajas.

Ruptura del vórtice polar

El vórtice polar es como un gigantesco remolino de aire frío situado en la estratosfera que gira alrededor del Polo Norte y forma la corriente de chorro polar. Una masa de aire más cálido puede desplazarlo, modificar su trayectoria y llevar frío intenso y nevadas copiosas donde no son habituales.

NOTICIAS

-44,6 ºC, la temperatura más baja registrada en Suecia

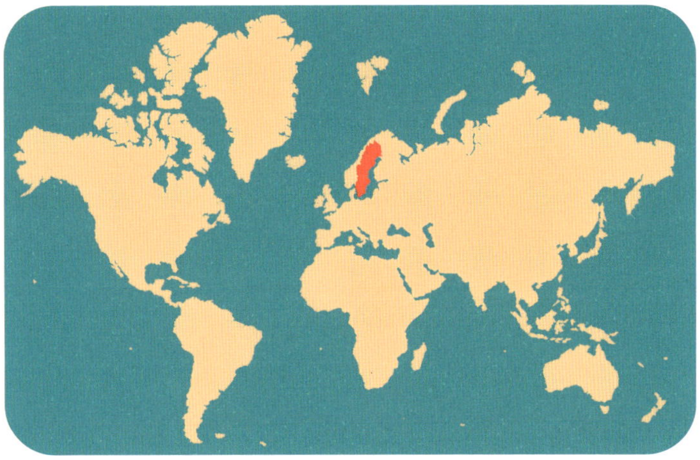

ESTOCOLMO (SUECIA), ENERO DE 2024

La temperatura alcanzada en la localidad de Vittangi, en la Laponia sueca, con una temperatura media de -27,2 ºC en los meses de invierno, provocó el cierre del transporte y puso en riesgo a la población debido a los daños causados en las tuberías de agua. Además, el inusual pico de demanda produjo un aumento considerable del precio de la electricidad.

En un planeta cada vez más caliente, hay olas de frío en zonas donde antes eran algo excepcional, y al revés: temperaturas más elevadas en lugares donde las olas de frío eran lo habitual. Esto pone en riesgo a los seres vivos, pues les impide anticiparse al peligro.

CONSECUENCIAS

- Paralización del transporte
- Obstrucción por nieve en calzadas y carreteras
- Problemas con los suministros de agua, electricidad y comida
- Casos de hipotermia y congelación

VÓRTICE POLAR ESTABLE

VÓRTICE POLAR PERTURBADO

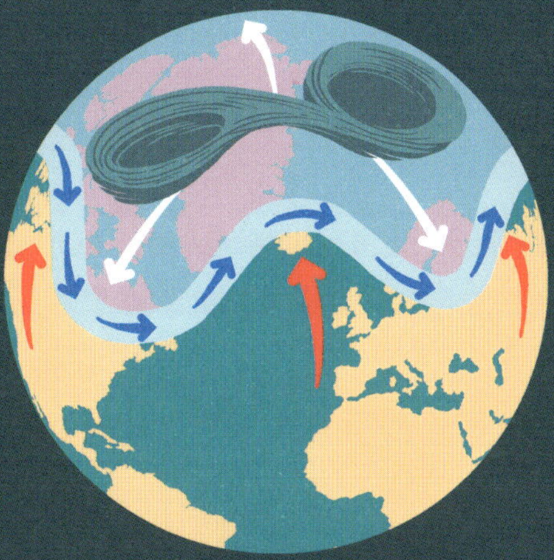

EN OTROS LUGARES

En la Francia continental, donde los inviernos son más suaves, en 2021 y tras un mes de marzo con temperaturas muy elevadas para la época, estas bajaron a -5 °C en abril. Este descenso inesperado arruinó la cosecha de frutas y vides.

MIRANDO AL FUTURO

La corriente termohalina es como una cinta transportadora que mueve el agua de los océanos por todo el planeta.

Si la temperatura y la salinidad de mares y océanos cambia, esta corriente podría pararse por completo. Las consecuencias serían terribles: episodios de frío extremo y, durante el invierno, congelación de grandes extensiones de terreno en algunos lugares del planeta.

A esta paralización de los océanos se la llama «colapso de la AMOC (Atlantic Meridional Overturning Circulation)».

¡EL TERMÓMETRO EN ROJO!

En el transcurso de los últimos 10 000 años, la Tierra nunca se había calentado tanto ni tan rápido como en el último siglo y medio.

La Revolución Industrial supuso una transformación radical al sustituir la elaboración artesanal por la producción en serie. Desde entonces, la fabricación masiva ha provocado un aumento desenfrenado de gases de efecto invernadero que van a parar a la atmósfera. Esas emisiones continuadas son la causa de la subida de temperatura del planeta y tienen consecuencias desastrosas para la vida.

En la naturaleza hay un sinfín de indicadores que nos demuestran que el clima se está modificando. Los fundamentales son el aumento de la temperatura terrestre y de los océanos, la subida del nivel del mar y el incremento de las emisiones de gases de efecto invernadero (CO_2).

290 partes por millón (ppm)

Aumento de las emisiones de dióxido de carbono

El CO_2 originado por la actividad humana es el gas de efecto invernadero que más ha contribuido al aumento de la temperatura. Y es también la principal causa del incremento de la temperatura global.

+1,48 °C

Aumento de la temperatura

2023 fue el año más caluroso en el planeta Tierra desde que tenemos registros de temperatura.

+21 cm

Subida del nivel del mar

Al aumentar la temperatura, el agua se calienta y ocupa más espacio. El calentamiento también provoca el deshielo de glaciares y plataformas de hielo que van a dar al mar. Esto puede afectar a los más de 680 millones de personas que viven en zonas costeras inundables.

+0,99 °C

Aumento de la temperatura de los océanos

El 70 % de la superficie del planeta está cubierta por los océanos, que retienen la mayor parte del exceso de calor y el 22 % del CO_2 emitido.

A mayor temperatura, menor capacidad para absorber gases y menor cantidad de oxígeno.

417 partes por millón (ppm)

Desde la era preindustrial, se ha registrado un incremento de CO_2 de un 51 %.

¡Se trata de la mayor concentración de los últimos 800 000 años!

¿SABÍAS QUE...?

La paleoclimatología sirve para reconstruir la historia del clima de la Tierra. Para ello, se estudian los sedimentos en el fondo de lagos y océanos y los fósiles, corales o burbujas de aire congeladas en el hielo desde hace miles de años.

UN PLANETA QUE LATE

Habitamos un grandioso ecosistema, con muchas especies diferentes. Eso es justamente la biodiversidad. Gracias a ella disponemos de comida, medicamentos, materias primas y oxígeno para respirar.

El cambio climático está rompiendo el equilibrio de los ecosistemas y muchos seres vivos se han visto afectados, hasta el punto de desaparecer.

El 60 % de la flora y la fauna mundial se concentra en 36 regiones de la Tierra

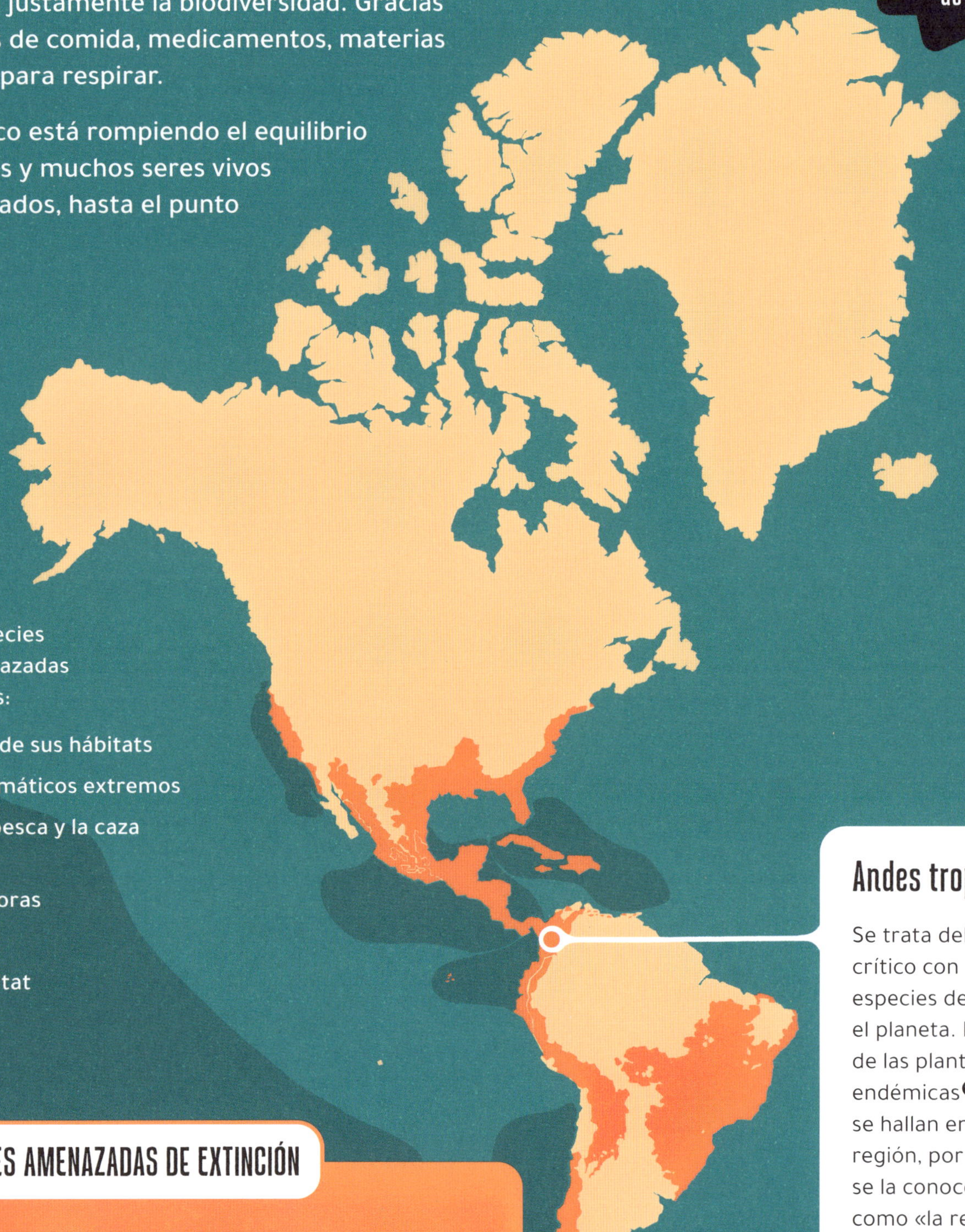

A día de hoy, las especies se encuentran amenazadas por diversos motivos:

- La contaminación de sus hábitats
- Los fenómenos climáticos extremos
- La agricultura, la pesca y la caza desmedidas
- Las especies invasoras
- La deforestación
- La pérdida de hábitat
- El comercio ilegal
- Los incendios

Andes tropicales

Se trata del punto crítico con más especies de todo el planeta. El 50 % de las plantas endémicas* se hallan en esta región, por eso se la conoce como «la reserva biológica de la humanidad».

*Una especie endémica es aquella que vive exclusivamente en un determinado territorio.

ESPECIES AMENAZADAS DE EXTINCIÓN

Cícadas 69 %

Anfibios 41 %

Tiburones y rayas 37 %

Arrecifes de coral 36 %

Coníferas 34 %

Crustáceos 28 %

Mamíferos 27 %

Reptiles 21 %

Aves 13 %

Cuenca del Mediterráneo

Después de los Andes tropicales, esta es una de las zonas de mayor biodiversidad. Solo en Grecia hay más de 5500 especies de plantas; y en España, entre flora y fauna, se estima que hay más de 91 000 especies distintas.

Indo-Birmania

Es el ecosistema más amenazado de todos. Solo conserva el 5 % de los hábitats naturales originales. Esa pérdida de biodiversidad afecta tanto a los animales y las plantas como a los ecosistemas. Allí conviven 20 especies de primates endémicos que están en riesgo.

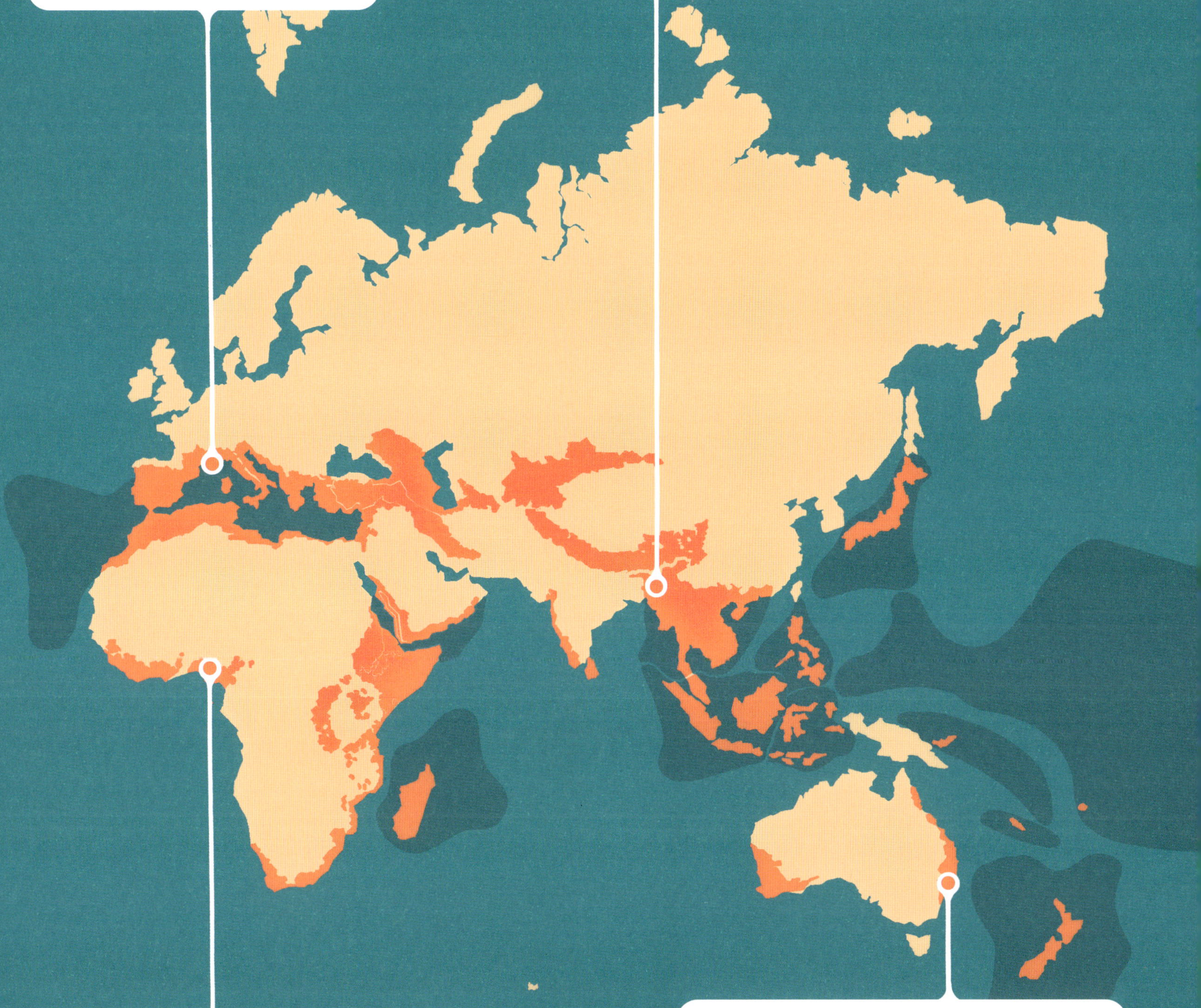

Bosques guineanos de África occidental

Por su biodiversidad y sus numerosas especies endémicas de plantas y animales, la selva guineana es una prioridad a escala mundial. Allí viven, bajo amenaza, 416 especies de mamíferos, 917 de aves, 107 de reptiles y 269 de anfibios.

Bosques templados de Australia oriental

Australia oriental ha perdido el 77 % de sus bosques originales. Unas 2100 especies de plantas de esta zona no se encuentran en ninguna otra parte del mundo. Alberga un total de entre 660 000 y 700 000 especies de animales y plantas.

LAS VENAS DEL PLANETA

Es fundamental poner freno tanto a la caza ilegal y al tráfico de animales como a la deforestación y a la contaminación. Cada especie es importante, y cuidarla significa protegernos a nosotros mismos.

Desde la aparición del ser humano en el planeta, las especies están desapareciendo 1000 veces más rápido. A día de hoy, más de 40 000 se encuentran en peligro de extinción.

Langur de cabeza blanca

Solo quedan 250 individuos de este primate que habita en Vietnam. Se le ha cazado por simple deporte y para elaborar el «bálsamo de mono», un remedio tradicional para mitigar el dolor.

Camariña o corema

En España, antiguamente, se hacían escobas con las ramas de este arbusto. Sus frutos servían para calmar la sed, bajar la fiebre e incluso como un eficaz antioxidante cosmético.

Rinoceronte de Java

Su cuerno se emplea en la medicina tradicional en India, China, Indonesia..., lo que ha propiciado su caza furtiva. En la isla de Java solo quedan 50 ejemplares; se extinguieron en Vietnam en 2011.

Hipopótamo pigmeo

Este hipopótamo de África occidental es el más pequeño de su especie. Suda un pigmento rojizo que lo protege del sol y de infecciones. Además, los pájaros que se apoyan en su lomo se comen sus parásitos, en una relación de simbiosis. El marfil de sus dientes lo ha convertido en objetivo de los cazadores furtivos.

Marabú argala

Estas cigüeñas, pueden alcanzar una altura de 2 m. Debido a la contaminación y a la desaparición de su hogar, los humedales, se calcula que en la India viven 950 ejemplares en macrovertederos, donde han encontrado un hábitat adecuado para evitar la extinción.

Mongarlowe mallee

Es un arbusto australiano que crece 2 mm al año. Se estima que quedan dos especímenes con 13 000 años de antigüedad. Se trata de uno de los árboles más antiguos vivos sobre la faz de la tierra.

Duiker cebra

Este pequeño antílope nocturno solo habita en ciertas zonas de África, donde se oculta y se alimenta de los frutos caídos entre la hojarasca. De hocico respingón y característico pelaje, luce doce bandas verticales negras y blancas a lo largo del lomo.

Rana veneno fantasma

Esta pequeña rana venenosa, que habita en Perú, Ecuador y Colombia, produce un compuesto más potente que la morfina, por lo que diversos estudios buscan emplearlo como base para nuevos medicamentos.

Cóndor andino

Vive en la cordillera de los Andes y, con sus 15 kg de peso y sus 3 m de envergadura, es el ave voladora más grande del mundo. En 1930 nació en cautiverio un ejemplar que vivió 69 años, la mayor edad registrada en un ave.

Se le considera símbolo de poder y salud, por lo que se le ha cazado de forma desmedida para beneficiarse de sus supuestas propiedades.

¿SABÍAS QUE...?

La biopiratería se produce cuando, con fines económicos, una empresa roba el conocimiento de las tribus y arrasa con la biodiversidad de un determinado lugar. Por ejemplo, la *vinca*, endémica de Madagascar, se extinguió en aquel país.

LAS ARTERIAS DEL PLANETA

El océano proporciona más de la mitad del oxígeno disponible en la atmósfera para que podamos respirar. El cambio climático afecta a su biodiversidad y a los recursos marinos, fundamentales para la supervivencia de muchas especies, incluida la nuestra.

Las alteraciones más importantes que tienen lugar en los océanos son el aumento de la temperatura del agua, la subida del nivel del mar, el crecimiento de la energía del oleaje, la acidificación de las aguas y el impacto debido a la acción humana.

Acción humana

La sobrepesca y las técnicas de captura que arrasan los fondos marinos, la urbanización excesiva en el litoral o el uso del mar como vertedero destruyen el hábitat de un gran número de especies. Además, estas han de convivir con 13 millones de toneladas de plástico que cada año van a parar a los océanos.

Marea roja

La abundancia de estas microalgas tóxicas, que a veces tiñe el agua de rojo, es perjudicial para las personas y para múltiples especies marinas. El cambio climático y la subida de la temperatura podrían favorecer este fenómeno.

Aumento de la temperatura de los océanos

El océano absorbe el calor de la atmósfera, lo cual hacer subir la temperatura del agua. Este calentamiento altera el hábitat de muchas especies, y las que no son capaces de adaptarse pueden desaparecer, lo cual condiciona la supervivencia de otras.

Posidonia oceánica

Con 100 000 años de edad, es el organismo vivo más longevo del planeta. Protege y da alimento a pequeños peces, moluscos, caballitos, erizos o estrellas de mar, resguarda las playas de los temporales, oxigena el agua y extrae CO_2 de la atmósfera. En los últimos treinta años se calcula que su extensión se ha reducido a la mitad.

Coral cuerno de ciervo

Se encuentra en peligro crítico debido al calentamiento de los océanos. Su población se ha reducido hasta en un 90 %.

Incremento de la energía del oleaje

Al subir la temperatura del agua, el océano adquiere más energía y las olas son más fuertes, veloces y grandes. Sobre todo aquellas que rompen en las costas del hemisferio sur, erosionando dunas y acantilados.

Subida del nivel del mar

La subida del nivel del mar afecta a los ecosistemas costeros, pues erosiona, inunda y saliniza el terreno. Además, el agua salada invade acuíferos y humedales.

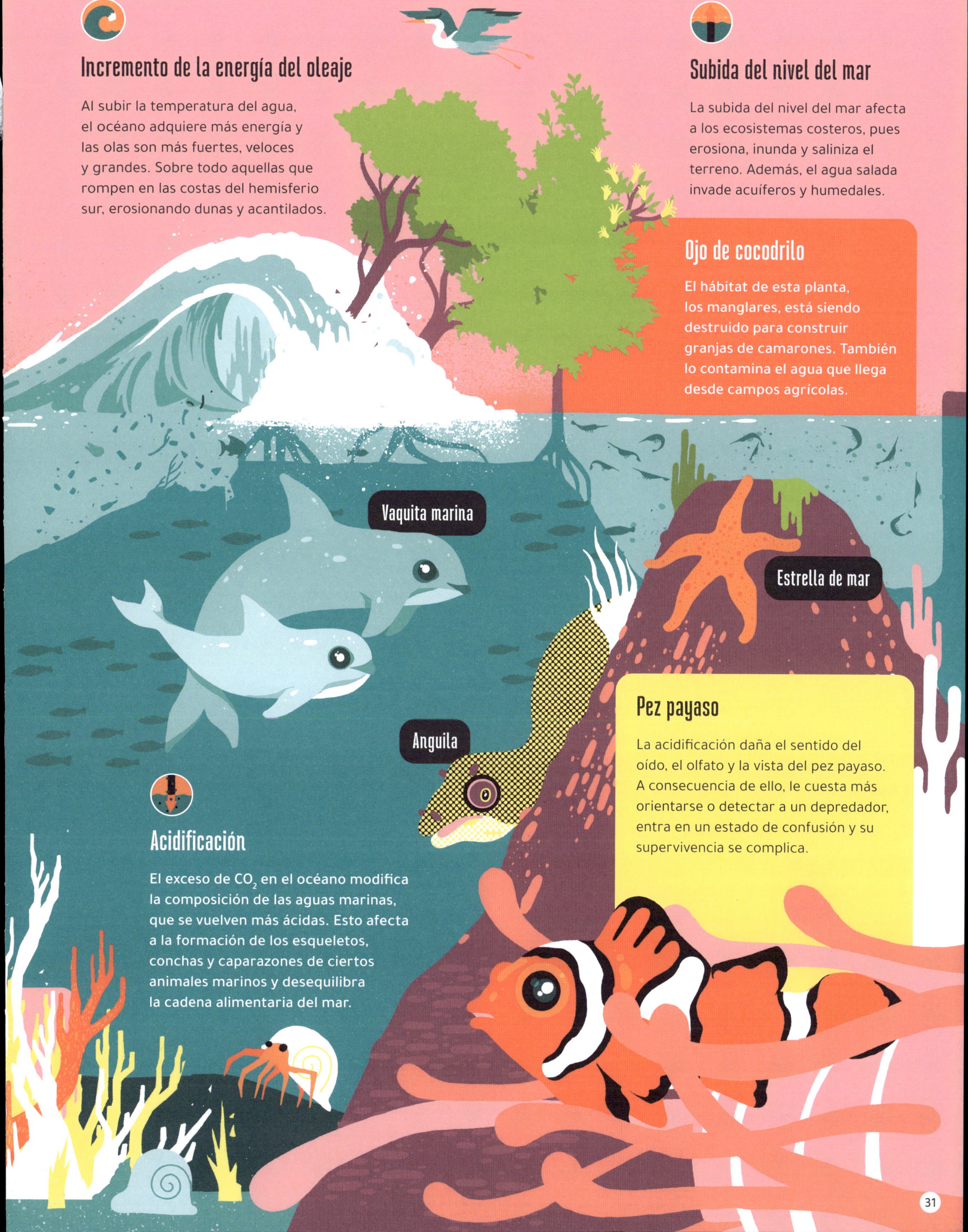

Ojo de cocodrilo

El hábitat de esta planta, los manglares, está siendo destruido para construir granjas de camarones. También lo contamina el agua que llega desde campos agrícolas.

Pez payaso

La acidificación daña el sentido del oído, el olfato y la vista del pez payaso. A consecuencia de ello, le cuesta más orientarse o detectar a un depredador, entra en un estado de confusión y su supervivencia se complica.

Acidificación

El exceso de CO_2 en el océano modifica la composición de las aguas marinas, que se vuelven más ácidas. Esto afecta a la formación de los esqueletos, conchas y caparazones de ciertos animales marinos y desequilibra la cadena alimentaria del mar.

HOY POR TI...

El modelo superconsumista tiene que cambiar.
Debemos redefinir lo que significa ser ricos.

... MAÑANA POR MÍ

El daño causado al medioambiente tiene efectos negativos como la desigualdad, la discriminación y la injusticia en lugares y poblaciones de los que no somos conscientes.

Tanto la tecnología como la llamada moda rápida se fabrican en los países con menos recursos, con frecuencia en condiciones precarias y para el consumo casi exclusivo de otros países con mayor poder económico. Sin embargo, los millones de toneladas de residuos sin tratar que estas industrias generan sí acaban, precisamente, en los lugares donde se producen.

El cambio climático afecta de diferente manera a la calidad de vida de las personas

- Agua potable y saneamiento
- Alimentación equilibrada y sana
- Atención sanitaria
- Vivienda digna
- Cultura y desarrollo

Las sequías extremas hacen que muchas niñas de todo el mundo tengan que dejar la escuela, ya que se ven obligadas a caminar grandes distancias en busca de agua potable.

¡LA UNIÓN HACE LA FUERZA!

A lo largo de la historia reciente, los seres humanos de diferentes países se han reunido para acordar medidas conjuntas con las que frenar el cambio climático.

En 1979 tuvo lugar en Ginebra la Primera Conferencia Mundial sobre el Clima, donde se reconoció que el cambio climático es un problema global y urgente.

Desde entonces, estos encuentros internacionales, llamados Conferencias de las Partes (COP)*, han sido constantes. Su finalidad es contener el cambio climático y, gracias a su gran repercusión, son un altavoz para difundir el mensaje a todo el mundo.

* Las Partes que integran cada COP son países, organizaciones regionales y otras de carácter no gubernamental, como las ONG, empresas e instituciones privadas.

COP18

2012 · Doha

Se renueva el compromiso acordado en el Protocolo de Kioto para reducir un 18 % las emisiones hasta 2020. Sin embargo, Estados Unidos y Canadá no lo firman.

COP1

1995 · Berlín

Se celebra la primera COP, que reúne a 118 Partes.

COP3

Protocolo de Kioto

1997 · Kioto

Los países industrializados, salvo Estados Unidos, acuerdan reducir para 2012 la emisión de gases de efecto invernadero en un 5 % de media respecto a 1990.

De manera altruista, equipos de investigación de todo el mundo desarrollan los informes del Grupo Intergubernamental de Expertos sobre el Cambio Climático (IPCC) que, basados en el método científico, aportan conclusiones sobre la situación climática.

COP21

Acuerdo de París

2015 · París

95 países firman este acuerdo para que antes de 2050 se limite el calentamiento de la Tierra en 1,5 °C respecto a la temperatura media de la era preindustrial.

Incorporan a este documento aspectos relacionados con los derechos humanos y la igualdad de género. Y se comprometen a cumplir 17 Objetivos de Desarrollo Sostenible (ODS) para el año 2030.

¿Qué son los ODS?

Los Objetivos de Desarrollo Sostenible los estableció la Asamblea General de las Naciones Unidas en 2015. El objetivo es alcanzarlos en 2030. Están interrelacionados y afectan a las personas, el medioambiente, el clima, la riqueza y la justicia.

Son universales y sirven para ayudar a que todas las personas tengamos las mismas oportunidades.

COP25

2019 · Madrid

En este encuentro, Greta Thunberg reclama medidas reales a los líderes mundiales. Destaca por ser la COP con más repercusión y de la que han surgido los mayores movimientos sociales hasta el momento.

COP28

2023 · Dubái

Participan 200 Partes. Acuerdan abandonar poco a poco el uso del petróleo, el carbón, el gas natural y el gas licuado del petróleo.

UNA CIUDAD ENVENENADA

Las ciudades representan el 3 % de la superficie de la Tierra, consumen entre el 60 % y el 80 % de la energía global y emiten a la atmósfera el 75 % del carbono del planeta. En ellas vive más de la mitad de la población mundial, y se espera que dicha cantidad siga aumentando.

Contaminación ambiental

El 90 % de los habitantes de las ciudades respira un aire que no alcanza las normas de calidad que establece la Organización Mundial de la Salud (OMS).

Contaminación acústica

22 millones de personas en Europa sufren molestias crónicas derivadas del ruido en las grandes ciudades.

Contaminación del suelo

Este tipo de contaminación la generan las malas prácticas agrícolas, el almacenamiento de residuos químicos y nucleares peligrosos sin seguir las normas establecidas, los vertidos incontrolados y la gestión inadecuada de desechos.

Contaminación hídrica

Las causas de la contaminación del agua son los vertidos industriales y domésticos, el uso de pesticidas en la agricultura y los derrames de petróleo u otras sustancias tóxicas.

UNA CIUDAD LIMPIA

El poder transformador que tienen las ciudades es enorme, pues son el motor de grandes cambios y transformaciones.

Uso del transporte público

Desplazarse en transporte público, ir en bici o caminar, además de contribuir a que el aire sea entre un 50 % y un 70 % más limpio, reduce el ruido generado por el tráfico de vehículos y proporciona más espacio a las personas.

SE PUEDE EVITAR

Olas de calor, lluvias torrenciales, temporales marítimos, riadas o potentes rachas de viento son algunos de los fenómenos meteorológicos que no debemos perder de vista y que, pensando en nuestra seguridad, nos obligan a elaborar planes de valoración, gestión y prevención de riesgos.

Regla 3-30-300

Cada persona debería poder ver 3 árboles desde su ventana, un 30 % de su barrio debería estar ocupado por vegetación y un parque frondoso no debería encontrarse a más de 300 m de su casa. La aplicación de esta sencilla regla ayudaría a que la temperatura fuera más suave, las inundaciones menos dañinas y, sobre todo, mejoraría la salud mental y física de cada residente.

Uso de energías renovables

El uso de energías renovables contribuye a que el aire del sitio en el que vivimos sea más saludable y limpio. Apostar por la autoproducción, elegir empresas suministradoras de electricidad de una fuente renovable y aprovechar al máximo los recursos energéticos en el ámbito del hogar son decisiones que aportan bienestar.

Mantener los ecosistemas limpios

El agua es vida y de ella dependen todas las especies. Es el origen de todo lo que necesitamos para sobrevivir. De ahí la importancia de cuidar al máximo los ecosistemas, ya que filtran el agua, almacenan CO_2 y evitan, en gran medida, inundaciones y otros fenómenos extremos.

¡HACER Y GANAR!

¿Te has parado a pensar en el poder de cada decisión que tomas?

Cómo te vistes, cuánto tiempo tardas en ducharte, en qué medio de transporte te mueves... son algunas de las rutinas con las que eliges cómo será el futuro.

Practica la regla de las cinco erres (reducir, reutilizar, reparar, recuperar y reciclar) y transforma tu entorno en un ejemplo de sostenibilidad.

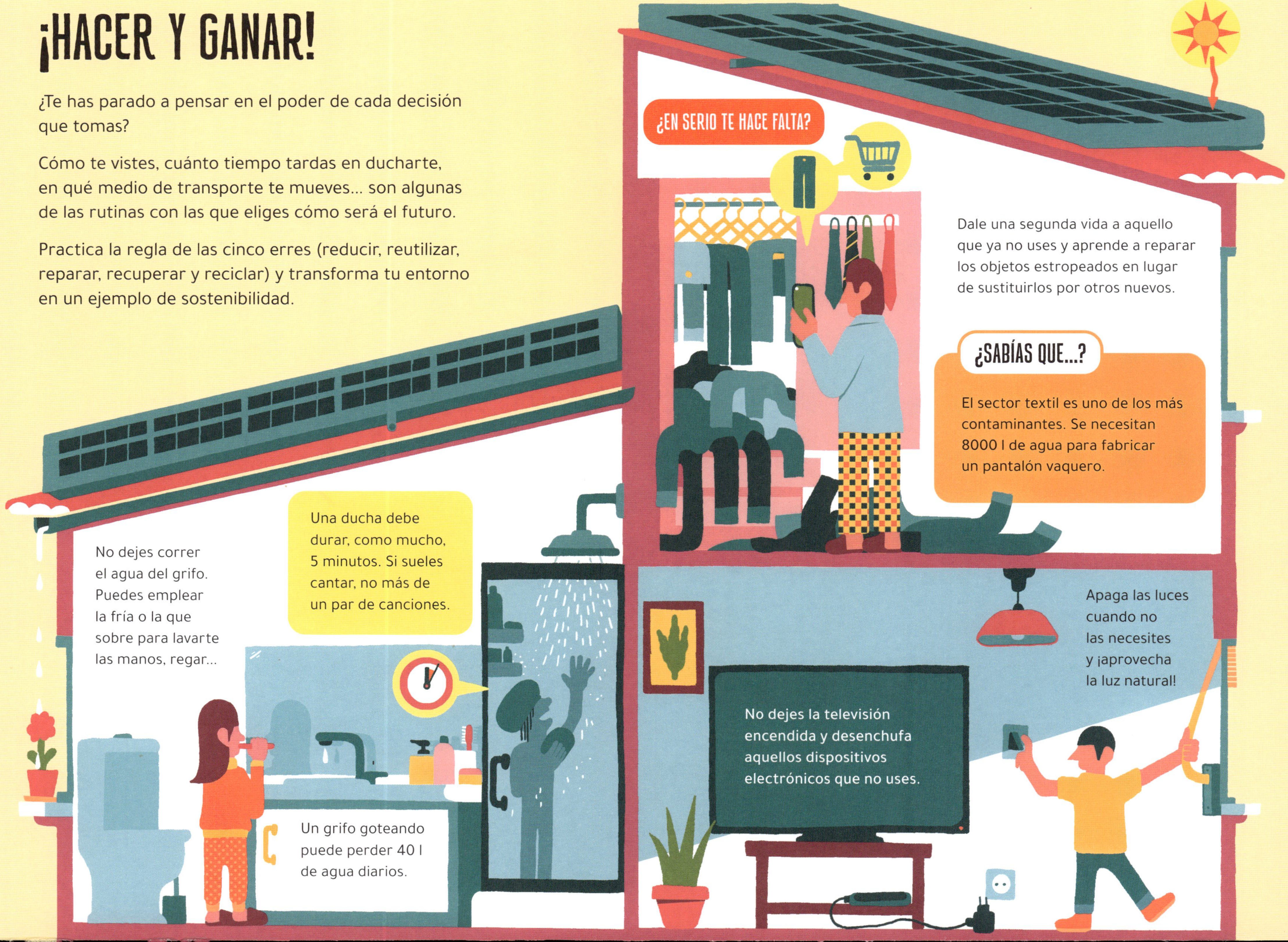

Cuanto menos tiempo pase abierta la nevera, mucho mejor.
Al hacer la lista de la compra, ten en cuenta la huella hídrica: la cantidad de agua dulce empleada en la elaboración de cada alimento.
70 L
2400 L
Lee las etiquetas y comprueba el origen de cada producto: prioriza su cercanía y que sea de temporada.
Compra en tiendas cercanas solo aquello que necesites; y usa bolsas de tela, así reducirás el uso de plásticos y envoltorios.
Cada uno de nosotros desperdicia una media de nada menos que 74 kg de alimentos al año
¿SABÍAS QUE...?
Una toallita húmeda tarda 100 años en degradarse; un chicle, 5; un trozo de papel de aluminio, el doble, 10; y una botella de plástico, ¡4 siglos!
ORGÁNICO
Mondas y cáscaras de frutas, raspas de pescado, plantas, cerillas, tierra, servilletas y papel de cocina usados, posos de café...
PAPEL
Cartón, papel y papel de regalo.
ENVASES
Briks, botellas de plástico, tapas y tapones de metal y chapa, latas de conserva y de bebidas, bandejas de aluminio, film transparente y papel de aluminio, aerosoles, desodorantes, bolsas de plástico, tarrinas de yogur, bandejas de corcho blanco, tubos dentífricos, cajas de madera de fruta...
VIDRIO
Botellas, frascos y tarros (¡ojo, solo vidrio!).
RESTOS
Pañales, chicles, colillas, polvo, pelo, compresas, restos de cerámica, arena para mascotas, toallitas húmedas...
PUNTO LIMPIO
Aceite, pilas, tóner de impresora...

TALENTOS EN MARCHA

¡Mejoremos nuestro entorno! Cada persona debe hacerlo según sus conocimientos y recursos, pero lo importante es aportar nuestro grano de arena. Existen muchas propuestas interesantes a lo largo del mundo.

Refugios climáticos

Estos refugios, ideados por el Ayuntamiento de París en 2017, son espacios públicos urbanos con sombra para descansar y hacer frente a las olas de calor en las ciudades, y en los que cuentan con agua para refrescarse.

Santuario de aves

En México, un grupo de científicas y expertas indígenas crearon un programa educativo para proteger especies de aves y animales polinizadores. En solo seis semanas el patio de una vivienda se convirtió en un nuevo hábitat en el que se reunían más de 70 especies.

Fuentes que enferman

Es un proyecto de acción, concienciación y comunicación sobre la importancia del agua en la salud de poblaciones en Costa de Marfil, donde las comunidades extraen agua estancada de fuentes en mal estado. Son las mujeres las que, para prevenir dichas enfermedades, enseñan hábitos de higiene saludables a toda la aldea.

¿SABÍAS QUE...?

Se conocen 20 enfermedades tropicales desatendidas (ETD) que afectan a 1000 millones de personas pobres. En muchos casos, las sequías extremas y las aguas estancadas empeoran las condiciones de salud y las infecciones en esas áreas.

¡Puede recolectar una tonelada de basura al año!

Como hay mucho trabajo por hacer, trata de aportar en aquello que te haga feliz. Responde estas preguntas y ¡encontrarás tu área de acción climática!

1. **¿Qué hay que hacer?**
   Qué problemas urge resolver en mi casa, colegio, barrio...
2. **¿Qué puedo aportar?**
   Aquello que se me da bien hacer, mis habilidades.
3. **¿Qué me gusta?**
   Lo que me hace feliz.

Contenedor marino

El proyecto SEABIN se puso en marcha en 2022 en Mallorca (España). Se trata de una papelera flotante dotada de una bomba interna que atrae la basura del mar, filtrando incluso restos de aceite y petróleo.

Movimiento *Who made my clothes?*

En 2013 se produjo el derrumbe de un edificio en Bangladesh con miles de mujeres que estaban cosiendo dentro de él en condiciones inaceptables. Esa desgracia desató este movimiento, que exige a las grandes empresas un nuevo modelo de negocio basado en la transparencia, la sostenibilidad y el consumo responsable.

Ciudades que caminan

Existe una red nacional española de ayuntamientos y administraciones públicas comprometidas con los peatones. Su prioridad es que el espacio urbano se organice, diseñe y regule en torno al peatón.

¿SABÍAS QUE...?

En 1911 un incendio asoló tres plantas de un edificio de Nueva York, en el que perdieron la vida 146 personas. La mayoría de ellas eran mujeres emigrantes europeas que confeccionaban camisas en condiciones de trabajo muy precarias. El humo que coloreó el cielo de la urbe era del mismo morado que las telas y tintes de la fábrica, y se convirtió en el símbolo de la lucha por los derechos de las mujeres.

ROMPIENDO MOLDES

La actividad humana en la Tierra deja huella. Por eso, hay personas que trabajan sin descanso para reparar el daño ocasionado y en aras de la prosperidad.

Eunice Newton Foote

[Estados Unidos, 1819-1888]

Científica y sufragista

En 1856, descubrí cómo un cilindro con dióxido de carbono almacenaba más calor y permanecía caliente más tiempo que con aire normal. Demostré por primera vez que el CO_2 influye en el calentamiento del planeta.

¡Me tachaban de aficionada por ser mujer! Así que cofundé una asociación para luchar por la igualdad entre los sexos.

James Lovelock

[Reino Unido, 1919-2022]

Médico, meteorólogo y ambientalista

Junto a mi compañera, la bióloga Lynn Margulis, desarrollamos la hipótesis de Gaia. Comprendimos que la Tierra es como un organismo vivo, que se regula a sí mismo, casi como un ser humano, y que también enferma.

Además, construí un detector de contaminantes y demostré cómo los gases CFC se movían hasta la Antártida y allí agujereaban la capa de ozono.

David Attenborough

[Reino Unido, 1926]

Biólogo y divulgador

Después de estudiar Ciencias Naturales, me presenté en la radio para pedir trabajo, pero no lo conseguí. Probé suerte en la televisión, y así empezó mi carrera en la cadena BBC.

Ahora puedes verme en muchos documentales sobre cambio climático, aunque he dedicado la mayor parte de mi vida a mostrar las maravillas de la naturaleza en series como *Life on Earth*.

Félix Rodríguez de la Fuente

[España, 1928-1980]

Naturalista y divulgador medioambiental

Llegué a Televisión Española una tarde con un halcón en la mano para dar una entrevista sobre la cetrería que encantó al público.

Después, con la serie documental *El hombre y la Tierra*, contagié mi amor por la naturaleza a millones de espectadores que descubrieron conmigo los paisajes de América del Sur, Alaska o España.

Jane Goodall

[Reino Unido, 1934]

Primatóloga, ambientalista y Mensajera de la Paz de la ONU

Con 26 años llegué a Tanzania para investigar la vida salvaje de los chimpancés. Mis compañeros decían que no les podía poner nombres ni atribuirles rasgos de personalidad.

Pero cambiar ese pensamiento sobre el reino animal ha ayudado a crear conciencia y a proteger mejor a los chimpancés y sus ecosistemas.

Nemonte Nenquimo

[Ecuador, 1985]

Activista indígena

¿Te suena eso de David contra Goliat? Pues que sepas que demandé al Estado de Ecuador y gané el juicio para que se detuviera la subasta de tierras y la extracción de petróleo en la Amazonía.

En 2020, la ONU me concedió el premio Campeones de la Tierra por la defensa de mi pueblo y de la biodiversidad del territorio que habitamos. Aunque realmente es un galardón para todo mi pueblo, el waorani.

Greta Thunberg

[Suecia, 2003]

Activista medioambiental

Tenía 15 años cuando comencé a manifestarme cada viernes a la puerta del Parlamento sueco para reclamar a los políticos que tomasen medidas urgentes para frenar la crisis climática. Las redes sociales se hicieron eco de mi protesta y cada vez más jóvenes se fueron uniendo al movimiento Viernes por el Futuro.

En estos años, no he cesado de reunirme con mandatarios y altos cargos para exigirles que luchen contra el cambio climático.

Boyan Slat

[Países Bajos, 1994]

Inventor y emprendedor

Nací en Delft, una ciudad llena de canales que en la antigüedad fueron importantes vías de transporte comercial, pero ahora están repletos de basura. Por eso creé The Ocean CleanUp, una ONG para limpiar los ríos y los océanos.

Usamos una especie de flotador gigante en forma de U con una red que recoge los plásticos que encuentra. ¡En seis semanas sacamos del mar 55 toneladas!

Observa con curiosidad tu entorno y reconoce tu poder
para influir en él. Sé el cambio que deseas ver.

Para Julieta y Martiño.

MARTÍN Y ANA

Revisión científica: Ruth Fraile

Proyecto visual y dirección de arte:
Departamento de diseño GE

Diseño de cubiertas e interiores:
Departamento de diseño GE

Diseño de rótulo de cubierta:
Chelen Écija

Edelvives Talleres Gráficos. Certificado ISO 9001
Impreso en Zaragoza, España

ISBN: 978-84-140-6061-2
Depósito legal: Z 792-2024

PEFC
PEFC/14-38-00260
PEFC Certificado
Este producto procede de bosques gestionados de forma sostenible y fuentes controladas
www.pefc.es